Hallo! Wir sind Philipp und Anne. Und was uns bei unseren Reisen mit dem magischen Baumhaus geschieht, das kannst du dir kaum vorstellen. Neulich sind wir sogar auf dem Mond gelandet!
Und obwohl wir jetzt wieder zu Hause in Pepper Hill sind, lässt uns das Weltall nicht mehr los. Deshalb haben wir im Museum, in vielen Büchern und im Internet Nachforschungen angestellt und alles gesammelt, was uns an Sternen und Planeten besonders interessiert.
Lies doch einfach selbst nach!

Forscherhandbuch
Weltall

Für Wil und Melanie Aiken

Das magische Baumhaus

Will Osborne und Mary Pope Osborne

Forscherhandbuch Weltall

Illustriert von Sal Murdocca und Rooobert Bayer

Aus dem Amerikanischen
übersetzt von Anne Emmert

Loewe

Bibliografische Information Der Deutschen Bibliothek
Die Deutsche Bibliothek verzeichnet diese Publikation in der Deutschen Nationalbibliografie; detaillierte bibliografische Daten sind im Internet über *http://dnb.ddb.de* abrufbar.

Der Umwelt zuliebe ist dieses Buch auf chlorfrei gebleichtem Papier gedruckt.

ISBN 3-7855-4672-6 – 1. Auflage 2003
Titel der Originalausgabe: Magic Tree House Research Guide – Space

Aus dem Amerikanischen übersetzt von Anne Emmert
Umschlagfoto: gettyimages/StockTrek
Reihenlogo und Vorsatzillustration: Jutta Knipping
Umschlaggestaltung: Andreas Henze
Gesamtherstellung: Clausen & Bosse, Leck
Printed in Germany

www.loewe-verlag.de

Inhalt

1
Astronomie 7

2
Das Weltall 21

3
Die Sonne 29

4
Unser Sonnensystem 39

5
Die ersten Raumfahrten 71

6
Die Landung auf dem Mond 81

7
Raumfahrt heute 93

8
Leben und Arbeiten im All 105

9
Die Zukunft 115

Register 120

1

Astronomie

Das Weltall fasziniert die Menschen schon seit Urzeiten.

Die Steinzeitmenschen zeichneten den Sternenhimmel auf die Wände ihrer Höhlen. Die alten Ägypter glaubten an Sonnen- und Mondgottheiten. Im alten China baute man hohe Türme, um den Himmel aus größerer Nähe beobachten zu können.

Nach und nach gingen die Menschen dazu über, aufzuschreiben, was sie am Himmel beobachteten. Sie gaben den Planeten Namen. Sie zeichneten Sternkarten. Sie hielten fest, wie sich der Himmel von Monat zu Monat und von Jahr zu Jahr veränderte.

Kalender der Azteken

Die ersten Kalender beruhten auf Veränderungen, die die Menschen am Himmel beobachteten.

Das Wort <u>Astronomie</u> kommt aus dem Griechischen. Es bedeutet „Benennung der Sterne“.

Die Erforschung des Himmels entwickelte sich zur ersten Wissenschaft. Man bezeichnet sie als *Astronomie*.

Ptolemäus

Ptolemäus
100–160 n. Chr.

Vor fast 2 000 Jahren verfasste der griechische Naturforscher Ptolemäus als Erster astronomische Bücher. Darin beschrieb er, wie sich seiner Erkenntnis nach die Sterne und Planeten am Himmel bewegten.

Ptolemäus hielt die Erde für den Mittelpunkt der Welt. Die Sonne, die Sterne und alle anderen Himmelskörper, so meinte er, wanderten um die Erde.

Über tausend Jahre lang glaubten alle, dass Ptolemäus Recht hatte. Niemand ahnte, dass sein Weltbild falsch war.

Kopernikus

Nikolaus Kopernikus war ein polnischer Astronom. Er lebte fast 1400 Jahre nach Ptolemäus.

Kopernikus
1473–1543 n. Chr.

Kopernikus beschäftigte sich lange mit den Vorstellungen des Ptolemäus. Er wusste, dass etwas damit nicht stimmte.

Kopernikus fand heraus, dass nicht die Sonne um die Erde kreist. Es ist genau anders herum! Die Erde und die übrigen Planeten kreisen um die Sonne.

Kopernikus befürchtete, dass seine Erkenntnisse bei den Leuten nicht gut ankommen würden. Daher wartete er bis kurz vor seinem Tod. Erst dann brachte er sein Buch heraus, in dem er schrieb, dass Ptolemäus Unrecht hatte.

Kopernikus' Befürchtungen waren berechtigt. Die Menschen waren empört, als sie sein Buch lasen. Sie glaubten lieber, dass die Erde der Mittelpunkt der Welt ist.

So was! Kopernikus starb kurz nachdem sein Buch erschienen war.

Jahrelang war es verboten, Kopernikus' Ideen auch nur auszusprechen. Die wenigen, die seiner Meinung waren, behielten das lieber für sich.

Galileo

Einer von ihnen war der italienische Astronom Galileo Galilei. Er hatte Kopernikus' Buch gelesen und war sich sicher, dass er Recht hatte.

Galileo
1564–1642

Eines Tages hörte er von einer neuen Erfindung: dem Fernrohr. Damit konnte man Dinge betrachten, die weit weg waren.

Galileo konnte es nicht fassen, dass noch niemand den Himmel mit dem Fernrohr beobachtet hatte! Er war von der Idee so begeistert, dass er sich sein eigenes Fernrohr baute.

Die ersten Fernrohre benutzte man vor allem im Krieg.

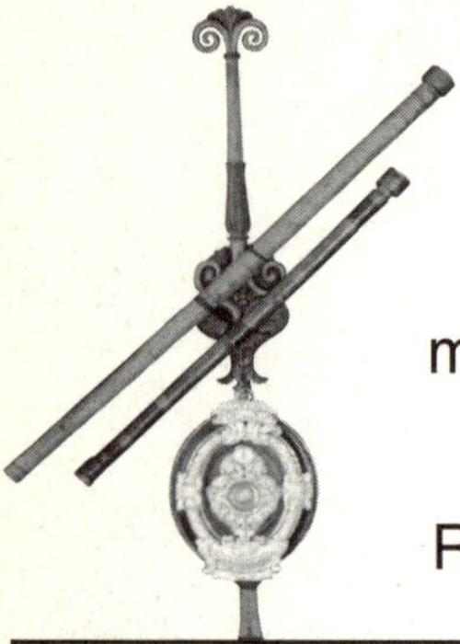

Als Galileo zum ersten Mal durch sein Fernrohr in den Nachthimmel blickte, war die moderne Astronomie geboren.

Galileo sah die Ringe um den Planeten Saturn.

Er sah die Monde, die um den Planeten Jupiter kreisen.

Er sah, dass der Planet Venus scheinbar seine Form verändert, genau wie unser Mond.

Und er sah, dass es Millionen von Sternen gibt, viel mehr, als man je vermutet hatte.

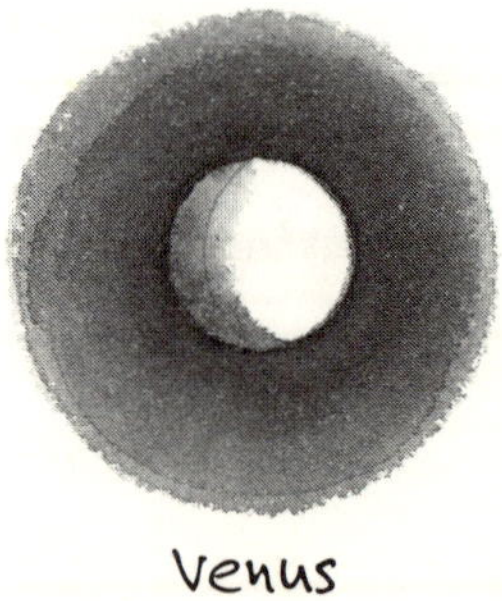

Je länger Galileo den Himmel beobachtete, desto klarer wurde ihm, dass die

Erde nicht der Mittelpunkt der Welt sein konnte.

30 Jahre lang erforschte Galileo den Himmel. Er schrieb viele Bücher über seine Beobachtungen. Gegen Ende seines Lebens wurde er verhaftet, weil er sein Wissen an andere weitergab. Kurz vor seinem Tod schrieb er noch sein wichtigstes Buch.

Sir Isaac Newton

Sir Isaac Newton
1643–1727

Isaac Newton war ein englischer Naturwissenschaftler. Für sein *Gesetz der Schwerkraft* wurde er berühmt. Die Schwerkraft ist eine unsichtbare Kraft, die auf der Erde alles in Richtung Boden zieht. Ohne Schwerkraft würden wir davonschweben!

Nach Newtons Ansicht sorgt die Schwerkraft dafür, dass der Mond um die Erde wandert. Er vermutete, dass auch die Sonne Schwerkraft ausübt. Das würde erklären, warum die Erde und die anderen Planeten um die Sonne kreisen und nicht ins All abdriften.

Eine Theorie ist in der Naturwissenschaft eine noch nicht bewiesene Lehre.

Newtons Gesetz der Schwerkraft ist es zu verdanken, dass die Menschen die *Theorien* des Kopernikus und des Galileo verstanden und anerkannten.

Frühe Astronomen

Ptolemäus

Kopernikus

Galileo

Newton

Ein großer Irrtum

Kopernikus, Galileo und Newton waren dem Geheimnis des Weltalls auf der Spur. Aber in einem wichtigen Punkt irrten sie sich. Alle drei glaubten, dass im Weltall alles um die Sonne kreist. Doch das stimmt nicht.

Seither haben die Astronomen viel dazugelernt. Heute wissen sie, dass die Sonne nicht der Mittelpunkt der ganzen Welt ist, sondern einer von Trilliarden von Sternen. Und sie wissen, dass das Weltall unvorstellbar groß ist und dass die Erde darin nur ein winziges Pünktchen ist.

Anne und Philipp stellen vor: Fernrohre damals und heute

Hans Lippershey erfand im Jahr 1608 das Fernrohr. Lippershey war ein niederländischer Brillenmacher. Er soll auf die Idee gekommen sein, als er seine Kinder mit den Linsen für seine Brillen spielen sah.

Sir Isaac Newton entwickelte ein Fernrohr mit Spiegeln statt Linsen, mit dem man noch viel weiter ins All sehen konnte.

Newtons Fernrohr

Ein Fernrohr mit Hohlspiegeln bezeichnet man als Spiegelteleskop.

Das *Weltraumteleskop Hubble* fährt durchs All. Es sendet Bilder von Planeten und Sternen an Computer auf der Erde. Mit dem Hubble-Teleskop sieht man Himmelskörper, die viele Milliarden Kilometer entfernt sind.

Das Weltraumteleskop Hubble ging 1990 ins All.

Das *VLT* ist das größte Teleskop der Erde. Es besteht aus vielen Teleskopen, die über Computer miteinander verbunden sind.

Wenn das VLT erst einmal ganz fertig ist, wird man damit einen Menschen erkennen können, der uns vom Mond aus zuwinkt!

Das VLT wird in Chile errichtet.

2

Das Weltall

Das *Weltall* umfasst alles, was es gibt: die Sonne, die Erde und die anderen Planeten, die Sterne und den Raum zwischen ihnen. Es gibt dort Staub und Gestein und Eis und Gase. Zum überwiegenden Teil besteht das Weltall aber aus Leere – unendlich vielen Kilometern leeren Raums.

So entstand das Weltall

Das Weltall entstand vor so langer Zeit, dass niemand genau weiß, wie.

Heute gehen die meisten Astronomen

davon aus, dass eine gewaltige Explosion das Weltall hervorbrachte. Das war der Urknall. Der Urknall hat vor ungefähr 15 Milliarden Jahren stattgefunden.

Beim Urknall geschahen zwei Dinge:

Millionen, Milliarden und Billionen

Das Weltall ist riesig groß. Wir brauchen gewaltige Zahlen, wenn wir die Entfernungen und die Anzahl der Sterne im Weltall beschreiben wollen.

Wie viel ist eine Million?

Eine Million Murmeln passen in ein kleines Auto!

Erstens bildete sich der Stoff, aus dem alles im Weltall entstand. Zweitens begann das Weltall sich auszudehnen. Es wuchs in alle Richtungen und bewegte sich dabei immer weiter vom Ort des Urknalls weg.

Das Weltall dehnt sich immer noch aus!

Wie viel ist eine Milliarde?

Eine Milliarde Murmeln passen in ein zweistöckiges Haus!

Wie viel ist eine Billion?

Mit einer Billion Murmeln ist ein riesiges Fußballstadion voll gestopft bis unters Dach!

Das Weltall dehnte sich nach dem Urknall blitzschnell aus. Im Augenblick der Explosion war das gesamte Weltall kleiner als ein Stecknadelkopf. Innerhalb einer Sekunde war es Milliarden Mal größer als die Erde.

Nach dem Urknall bestand das Weltall viele Milliarden Jahre lang aus ungeheuer heißem Gas. Während sich das All ausdehnte, kühlte das Gas ab, und einige Gasteilchen blieben aneinander haften. Die Gashäufchen wuchsen zu riesigen Feuerbällen an. Aus diesen heißen Gasbällen entstanden die ersten Sterne.

Entstehung des Weltalls

Urknall

Das Weltall dehnt sich aus

Es entstehen Gasbälle

Aus den Gasbällen werden Sterne

Sterne und Galaxien

Wenn wir nachts den Himmel beobachten, sehen wir nur ein paar der Sterne, die es im Weltall gibt. Selbst in einer klaren Nacht erkennt man ohne Fernrohr nur rund 2000 Sterne. Nach Ansicht der Astronomen gibt es im Weltall aber 10 Trilliarden Sterne!

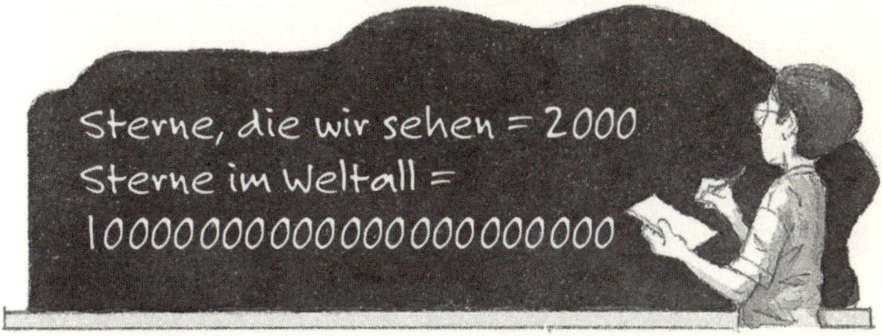

Die Sterne bilden Galaxien. Die meisten Galaxien enthalten mehrere hundert Milliarden Sterne.

Die Sterne, die wir sehen, gehören alle zur *Milchstraße*. Diese Galaxie umfasst über 200 Milliarden Sterne. Einer davon ist unsere Sonne.

Manche Sterne sind kleiner als die Erde. Andere sind 300-mal größer als die Sonne!

Lichtjahre

Die Astronomen messen Entfernungen im Weltall in *Lichtjahren*. Ein Lichtjahr ist die Entfernung, die das Licht im All in einem Jahr zurücklegt. Das sind 9,463 Billionen Kilometer.

Die Sonne ist der Stern, welcher der Erde am nächsten liegt. Von der Sonne zur Erde braucht das Licht rund acht Minuten. Der nächste Stern ist *Proxima Centauri*. Von ihm aus braucht das Licht rund vier

Jahre zur Erde! Die Astronomen sagen daher, Proxima Centauri sei vier Lichtjahre entfernt.

Das Licht von weiter entfernten Sternen braucht Milliarden von Jahren bis zur Erde. Wenn das Licht hier ankommt, ist der Stern bereits Milliarden von Jahren älter als zu dem Zeitpunkt, da er es abstrahlte. Wir sehen also die Sterne so, wie sie einmal waren! Wenn wir den Sternenhimmel betrachten, blicken wir in die Vergangenheit.

3

Die Sonne

Die Sonne ist ein Stern wie alle anderen Sterne am Himmel. Sie wirkt nur größer und heller, weil sie der Erde viel näher ist.

Die Sonne ist rund 149 Millionen Kilometer von der Erde entfernt. Der nächste Stern ist 40 Billionen Kilometer entfernt!

Die Sonne ist ein mittelgroßer Stern. Ihr Durchmesser beträgt 1400000 km. Verglichen mit der Erde ist das riesig!

Der <u>Durchmesser</u> ist eine Linie durch den Mittelpunkt eines Kreises oder einer Kugel.

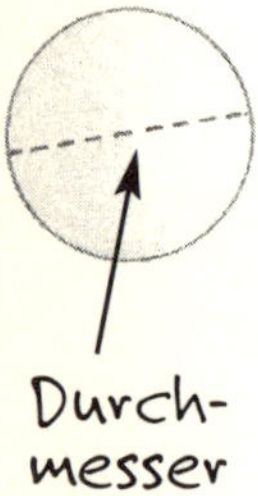

Die Erde hätte über eine Million Mal in der Sonne Platz.

Wärme und Licht

Den Mittelpunkt der Sonne bezeichnet man als *Kern*. Der Sonnenkern gleicht einem gewaltigen Ofen. Doch die Sonnenwärme stammt von keinem gewöhnlichen Feuer. Kein Feuer der Welt würde die Erde aus 149 Millionen Kilometern mit Wärme versorgen!

Die Wärme im Sonnenkern entsteht aus der *Kernfusion*. Du kannst sie dir wie Millionen kleiner Explosionen gleichzeitig vorstellen, die ungeheuer viel Energie hervorbringen.

Die Energie wandert vom Kern zur Oberfläche der Sonne. Dort angekommen, schießt sie in Form von Wärme und Licht ins All.

Sonnenflecken, Filamente und Sonneneruptionen

Die Sonne hat keine feste Oberfläche wie die Erde, sondern besteht aus Gas. Wie kochendes Wasser in einem Topf ist sie daher ständig in Bewegung.

Häufig sieht man auf der Sonnenoberfläche *Sonnenflecken*. Sie erscheinen dunkler, weil sie nicht so heiß sind wie der Rest der Oberfläche.

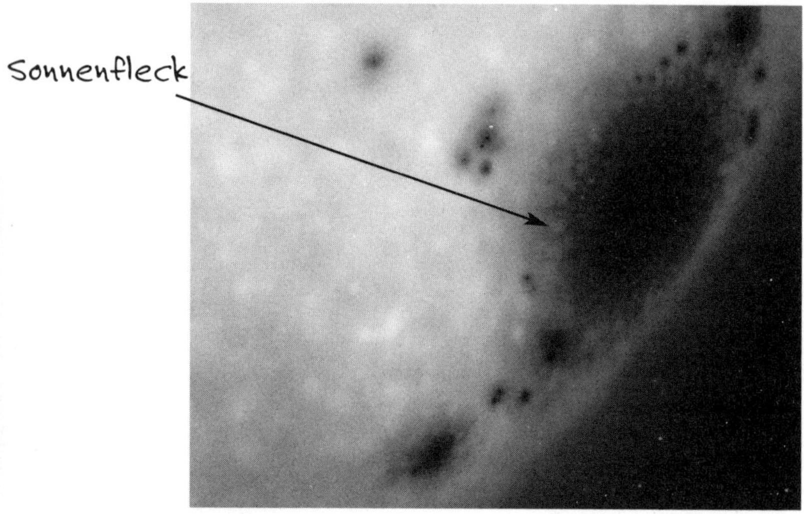

Ein einziger Sonnenfleck ist meist viel größer als die Erde.

Über den Sonnenflecken ereignen sich manchmal gewaltige Licht- und Wärmeausbrüche. Das sind *Filamente*. Sie sind doppelt so heiß wie der Rest der Sonnenoberfläche. Daher sehen sie viel heller aus.

Sonnenflecken und Filamente können mit ihrer Energie den Radio- und Fernsehempfang auf der Erde stören.

Bei einer *Sonneneruption* wird Gas ins All geschleudert. Viele Eruptionen haben die Form einer Schleife. Sie dauern mindestens ein paar Stunden, meist mehrere Wochen.

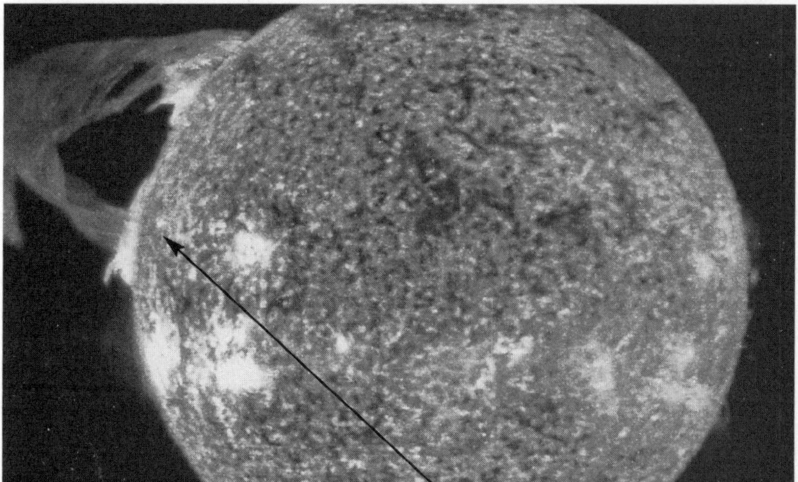

Die meisten Sonneneruptionen sind so groß, dass die Erde mehr als zehnmal darin Platz hätte!

Das Leben der Sonne

Einen Stern wie unsere Sonne bezeichnen die Astronomen als *Gelben Zwerg*.

Mit der Zeit wird die Sonne immer größer, kühlt dabei ab und wechselt die Farbe. Sie verwandelt sich in einen *Roten Riesen*.

Roter Riese

Danach schrumpft sie wieder, bis sie etwa so groß ist wie die Erde. Dann ist sie ein *Weißer Zwerg*.

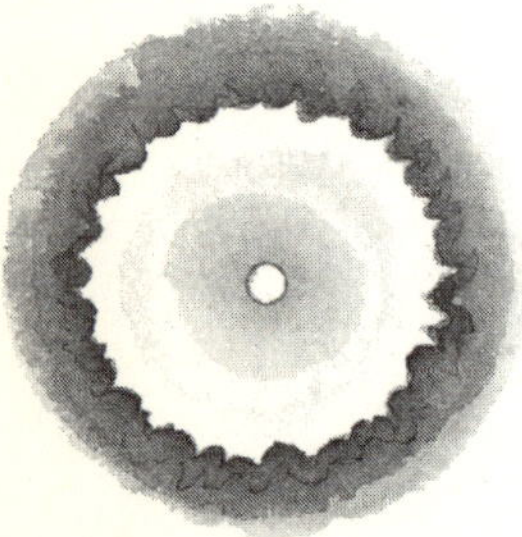

Weißer Zwerg

Als Weißer Zwerg verliert sie nach und nach alle Wärme und alles Licht. Aber keine Angst! Die Astronomen sagen, das geschieht erst in fünf Milliarden Jahren!

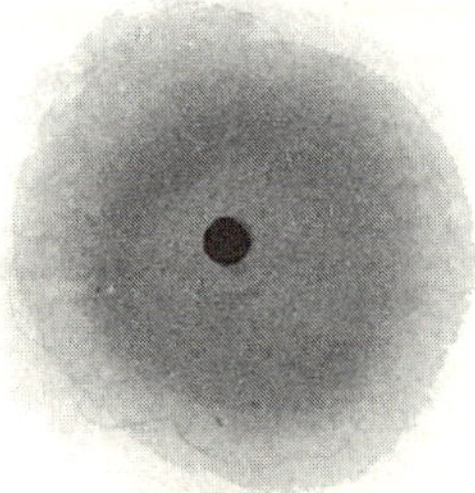

Die Bedeutung der Sonne

Ohne die Sonne gäbe es kein Wetter. Ohne die Sonne gäbe es weder Wind noch Wolken noch Regen.

Ohne die Sonne gäbe es keine Pflanzen und Tiere. Es gäbe auf der Erde überhaupt kein Leben.

Ohne die Sonne wäre die Erde ein kalter, dunkler Felsbrocken im Weltall.

Die Sonne ist einer von Trilliarden Sternen. Doch sie ist unser Stern. Sie ist der Mittelpunkt unseres winzigen Teils des Weltalls.

Sonnenfinsternis

Auf seiner Reise um die Erde verdeckt der Mond manchmal das Licht der Sonne. Man spricht dann von einer *Sonnenfinsternis*.

Bei einer Sonnenfinsternis wird es mitten am Tag stockdunkel.

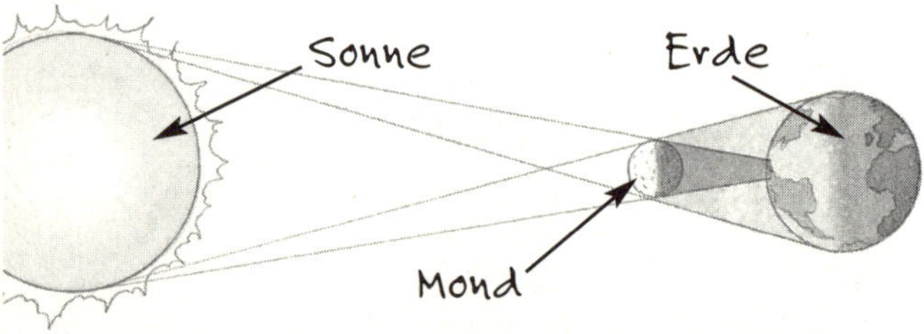

Wenn der Mond die Sonne vollständig verdeckt, ist das eine *totale Sonnenfinsternis*.

Viele alte Völker fürchteten sich bei einer Sonnenfinsternis. Im alten China dachten die Menschen, ein Drache würde die Sonne verschlingen!

Totale Sonnenfinsternis am
16. Februar 1980 in Konarak, Indien

Manche Planeten sind in Wirklichkeit weiter weg, als es auf dem Bild aussieht. Auch die Größenverhältnisse stimmen nicht ganz. Die Planeten würden sonst nicht alle auf das Bild passen.

4

Unser Sonnensystem

Unseren Teil des Weltalls nennt man unser *Sonnensystem*. Es besteht aus der Sonne und allen Himmelskörpern, die um sie kreisen.

So entstand das Sonnensystem

Wie alle Sterne ging auch die Sonne aus einer Staub- und Gaswolke hervor. Die meisten Astronomen meinen, dass alle Himmelskörper unseres Sonnensystems aus der gleichen Wolke entstanden sind.

Ein Partikel ist ein winziges Teilchen.

Diese Wolke wirbelte um die soeben entstandene Sonne. Dabei stießen Staubpartikel zusammen, hafteten aneinander und bildeten kleine Klumpen. Die Klumpen wuchsen immer weiter an und wurden zu Planeten, Monden, Asteroiden, Kometen und Meteoroiden. Das sind die Himmelskörper unseres Sonnensystems.

Unser Sonnensystem

Sonne

Planeten

Monde

Asteroiden

Kometen

Meteoroiden

Jeder Himmelskörper unseres Sonnensystems wandert auf einer bestimmten

Umlaufbahn um die Sonne. Die Schwerkraft der Sonne sorgt dafür, dass jeder auf seiner Umlaufbahn bleibt und verhindert, dass einer ins All abdriftet.

Die Planeten

Die *Planeten* sind, abgesehen von der Sonne, die größten Himmelskörper unseres Sonnensystems. Einige Planeten bestehen wie die Erde aus festem Gestein. Andere sind große Gasbälle.

Die Planeten umkreisen die Sonne unterschiedlich schnell. Die Dauer einer Sonnenumrundung bezeichnet man als das *Jahr* des Planeten.

Der Planet dreht sich wie ein Kreisel.

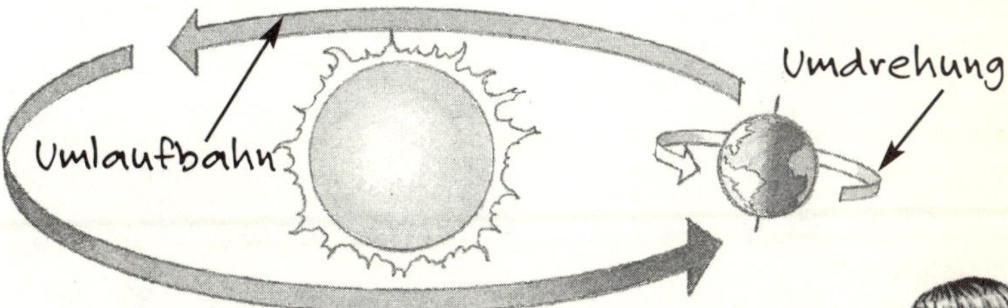

Selbst wenn du ruhig auf deinem Stuhl sitzt, bist du in zwei Richtungen unterwegs!

Bei ihrer Reise um die Sonne drehen sich die Planeten gleichzeitig um sich selbst. Eine Umdrehung nennt man den *Tag* des Planeten.

Bis auf zwei haben alle Planeten unseres Sonnensystems einen oder mehrere Monde.

Monde

Viele Planeten haben Monde. Ein Mond besteht aus Gestein. Er umkreist den Planeten wie der Planet die Sonne. Die Schwerkraft des Planeten hält den Mond auf seiner Umlaufbahn.

Der Jupiter mit einem seiner Monde

Asteroiden

Die Milliarden Asteroiden des Asteroidengürtels zusammengenommen sind immer noch kleiner als unser Mond.

Asteroiden sind Felsbrocken im All. Die größeren haben etwa die Ausmaße eines Berges auf der Erde. Die kleinsten sind so groß wie ein Kieselstein.

Der Asteroid Ida ist recht groß. Er hat einen eigenen Mond.

Ein paar Asteroiden haben ihre Umlaufbahn in der Nähe der Sonne. Die meisten jedoch drängen sich in einer großen Gruppe zwischen den Planeten Mars und Jupiter. Diese Gruppe bezeichnet man als *Asteroidengürtel*.

Kometen

Kometen bestehen aus Eis und Staub. Die meisten Kometen wandern weit von uns entfernt um die Sonne. Nur wenige sind so nah, dass wir sie von der Erde aus ohne Fernrohr sehen können.

In der Wärme der Sonne verdampfen Gas und Staub des Kometen und werden als so genannter Schweif sichtbar. Der Schweif eines Kometen kann mehrere Millionen Kilometer lang sein.

Der Halleysche Komet, 1986

Nach Ansicht vieler Wissenschaftler starben die Dinosaurier aus, als vor rund 65 Millionen Jahren ein gewaltiger Komet oder Asteroid auf der Erde einschlug.

Meteoroiden

Meteoroiden sind kleine Brocken aus Gestein oder Staub. Die Erde trifft auf ihrer Reise um die Sonne auf Millionen solcher Meteoroiden. Die meisten verglühen, wenn sie in die Erdatmosphäre eintreten. Die größeren sieht man als *Sternschnuppen* am Himmel. Man bezeichnet sie als *Meteore*. Wenn sich in einem Teil des Nachthimmels die Meteore häufen, spricht man von einem *Meteorregen*.

Die Erdatmosphäre ist eine unsichtbare Hülle aus Sauerstoff und anderen Gasen, die die Erde umgeben.

Meteore bezeichnet man im Volksmund als Sternschnuppen. Aber es sind natürlich keine Sterne!

Manchmal verglüht ein Meteoroid nicht, sondern erreicht die Erdoberfläche. Man bezeichnet ihn dann als *Meteorit*.

Dieser Meteorit wiegt 34 Tonnen. Er schlug vor 10 000 Jahren in Grönland ein.

Manche Meteoriten sind sehr groß. Doch die meisten sind so klein wie ein Staubkorn. Tag für Tag fallen mehrere hundert Tonnen Meteoritenstaub auf die Erde. Wenn du dein Zimmer fegst, landet vielleicht ein winziges Staubteilchen aus dem All in deiner Kehrschaufel!

Eine Tonne sind 1000 Kilogramm.

Auf den nächsten Seiten erfährst du mehr über die Planeten unseres Sonnensystems.

Unser Sonnensystem

Merkur

Benannt nach dem römischen Götterboten.
Durchmesser: 4 878 Kilometer
Temperatur: -180 °C bis +460 °C

Der Merkur wandert sehr schnell um die Sonne. Ein Merkur-Jahr dauert nur knapp drei Monate auf der Erde!

Das Jahr mag auf dem Merkur kurz sein, doch die Tage sind elend lang! Das liegt daran, dass der Merkur sich auf seiner Reise um die Sonne nur ganz langsam um sich selbst dreht. Ein Tag auf dem Merkur dauert bis zu 176 Erdentage – fast sechs Monate! Der Merkur ist ein trockener Felsplanet. Wie unser Mond ist er von Kratern übersät.

Hier siehst du, wie groß der Merkur im Vergleich zur Erde ist.

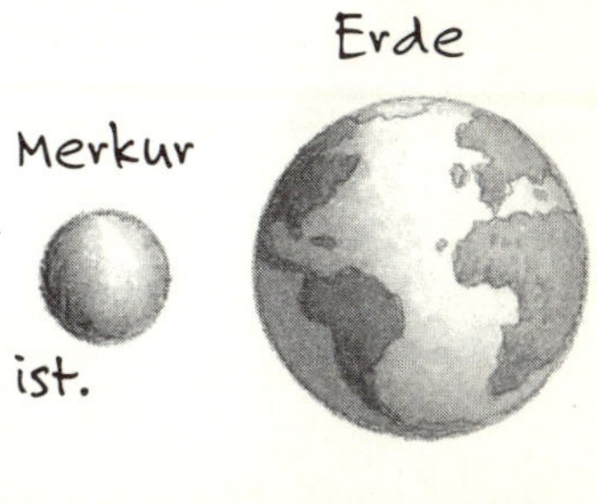

Die Venus ist leicht am Nachthimmel zu entdecken. Sie sieht aus wie ein großer Stern. Kurz nach Sonnenuntergang und kurz vor Sonnenaufgang ist sie am hellsten.

Venus

Benannt nach der römischen Göttin der Liebe und Schönheit.
Durchmesser: 12 104 Kilometer
Temperatur: durchschnittlich 460 °C

Die Venus wird oft als Zwillingsschwester der Erde bezeichnet. Sie ist nämlich fast genauso groß wie die Erde und liegt ihr am nächsten.

Aber in Wirklichkeit unterscheidet sich die Venus in vielem von der Erde. Sie ist nach der Sonne der heißeste Himmelskörper des Sonnensystems.

Die Temperatur auf der Venus ist viermal so hoch wie die von kochendem Wasser!

Selbst wenn Menschen diese Hitze aushielten, könnten sie auf der Venus nicht leben. Die Luft ist reines Gift! Außerdem ist sie so dick und schwer, dass sie einen Menschen zerquetschen würde.

Erde

Das Wort kommt aus dem Althochdeutschen und bedeutet „Land".
Durchmesser: 12 756 Kilometer
Temperatur: -90 °C bis +60 °C

Vom Weltall betrachtet sieht die Erde aus wie eine wunderschöne blau-weiße Murmel. Das Weiße sind die Wolken, die um unseren Planeten ziehen. Das Blaue ist das Wasser, das zwei Drittel der Erdoberfläche bedeckt.

Für uns fühlt sich die Erde hart an. Doch unter der Oberfläche liegen heißes geschmolzenes Gestein und Metall. Die Hitze im Innern der Erde verursacht Vulkanausbrüche und Erdbeben.

Viele Astronomen denken, dass das Wasser auf die Erde kam, als zur Zeit ihrer Entstehung Eiskometen auf ihr einschlugen.

Mond

Das Wort „Mond" stammt aus dem Althochdeutschen.
Durchmesser: 3 475 Kilometer
Temperatur: -185 °C bis +125 °C

Der Mond ist rund 380 000 Kilometer von der Erde entfernt. Er ist felsig und grau. Es gibt weder Wasser noch Luft noch Wind. Über allem liegt eine Staubschicht. Da keine Atmosphäre den Mond umgibt, die das Sonnenlicht verteilen würde, ist der Himmel immer schwarz.

Da es weder Wind noch Regen gibt, bleiben Fußstapfen im Mondstaub ewig erhalten.

Die Schwerkraft des Mondes ist schwächer als die der Erde. Wenn du auf der Erde 30 Kilogramm wiegst, sind es auf dem Mond nur noch 5 Kilogramm. Da könntest du ganz schön hohe Sprünge machen!

Wir sagen, der Mond „scheint“. Doch in Wirklichkeit leuchtet er nicht selbst. Er wirft nur das Licht der Sonne zurück.

Der Mars wird auch als „Roter Planet“ bezeichnet. Das liegt an dem roten Staub auf seiner Oberfläche.

Mars

Benannt nach dem römischen Kriegsgott.
Durchmesser: 6 794 Kilometer
Temperatur: -120 °C bis +30 °C

Der Mars ist der Erde am ähnlichsten. Es gibt dort Berge, Wüsten und Vulkane. Das Marsjahr gliedert sich wie unseres in Jahreszeiten. Ein Marstag ist etwa so lang wie ein Erdentag.

Dennoch unterscheidet sich der Mars von der Erde. Die Luft enthält keinen Sauerstoff, sodass Menschen dort nicht atmen könnten. Da kein Regen fällt, ist es immer trocken und staubig. Der Staub, der in der dünnen Luft liegt, lässt den Mars rosa erscheinen.

Der Mars hat zwei sehr kleine Monde. Der größere hat einen Durchmesser von 25 Kilometern. Beide sind nicht rund, sondern sehen aus wie Kartoffeln!

Jupiter

Benannt nach dem römischen Göttervater.
Durchmesser: 143 000 Kilometer
Temperatur: im Durchschnitt -125°C bis 17°C

Der Jupiter ist der größte Planet des Sonnensystems. Er ist doppelt so groß wie alle anderen Planeten zusammen.

Der Jupiter gehört zu den *Gasriesen*. Es gibt dort keinen festen Boden. Vielmehr ist der Jupiter ein gewaltiger Gasball mit einem heißen flüssigen Kern.

Den Jupiter umgeben weiße, blaue und braune Streifen. Das sind Wolken aus verschiedenen Gasen. Auf dem Planeten gibt es einen großen roten Fleck, der gut zweimal so groß ist wie die Erde. Das ist ein Sturm, der bereits seit über 300 Jahren wütet.

Der Jupiter
hat 28 Monde!
Erde
Jupiter

Der Saturn hat mehr Monde als jeder andere Planet. Es sind mindestens 30!

Saturn

Benannt nach dem Vater des Jupiter, dem römischen Erntegott.
Durchmesser: 120 500 Kilometer
Temperatur: durchschnittlich -150°C

Wie der Jupiter ist auch der Saturn ein Gasriese. Er wandert sehr langsam um die Sonne. Ein Saturnjahr entspricht 30 Erdenjahren!

Der Saturn ist von Ringen umgeben. Alle Gasriesen haben Ringe, doch die des Saturn sind am größten.

Die Ringe des Saturn bestehen aus Eis- und Gesteinsbrocken, die den Planeten umkreisen. Nach Ansicht mancher Astronomen stammen sie von Kometen, die mit einigen der inneren Saturnmonde zusammenstießen und dabei zu Bruch gingen.

Uranus

Benannt nach dem Vater des Saturn,
dem römischen Himmelsgott.
Durchmesser: 51 200 Kilometer
Temperatur: durchschnittlich -210°C

Der Uranus ist ein kalter Planet. Grüne Wolken hüllen ihn ein. Unter den Wolken befindet sich ein Meer aus Wasser und Gasen. Auch der Uranus hat Ringe. Wie die des Saturn bestehen sie aus Eis und Gestein. Sie sind jedoch viel kleiner. Das Ungewöhnlichste am Uranus ist, wie er sich um sich selbst dreht. Die Astronomen vermuten, dass ihn vor Milliarden von Jahren einmal ein Komet oder Asteroid umgekippt hat. Seither dreht er sich nicht quer zu seiner Umlaufbahn, sondern rollt auf ihr wie eine Bowling-Kugel. Wegen dieser ungewöhnlichen Umdrehung dauert auf dem Uranus eine Nacht bis zu 42 Erdenjahre!

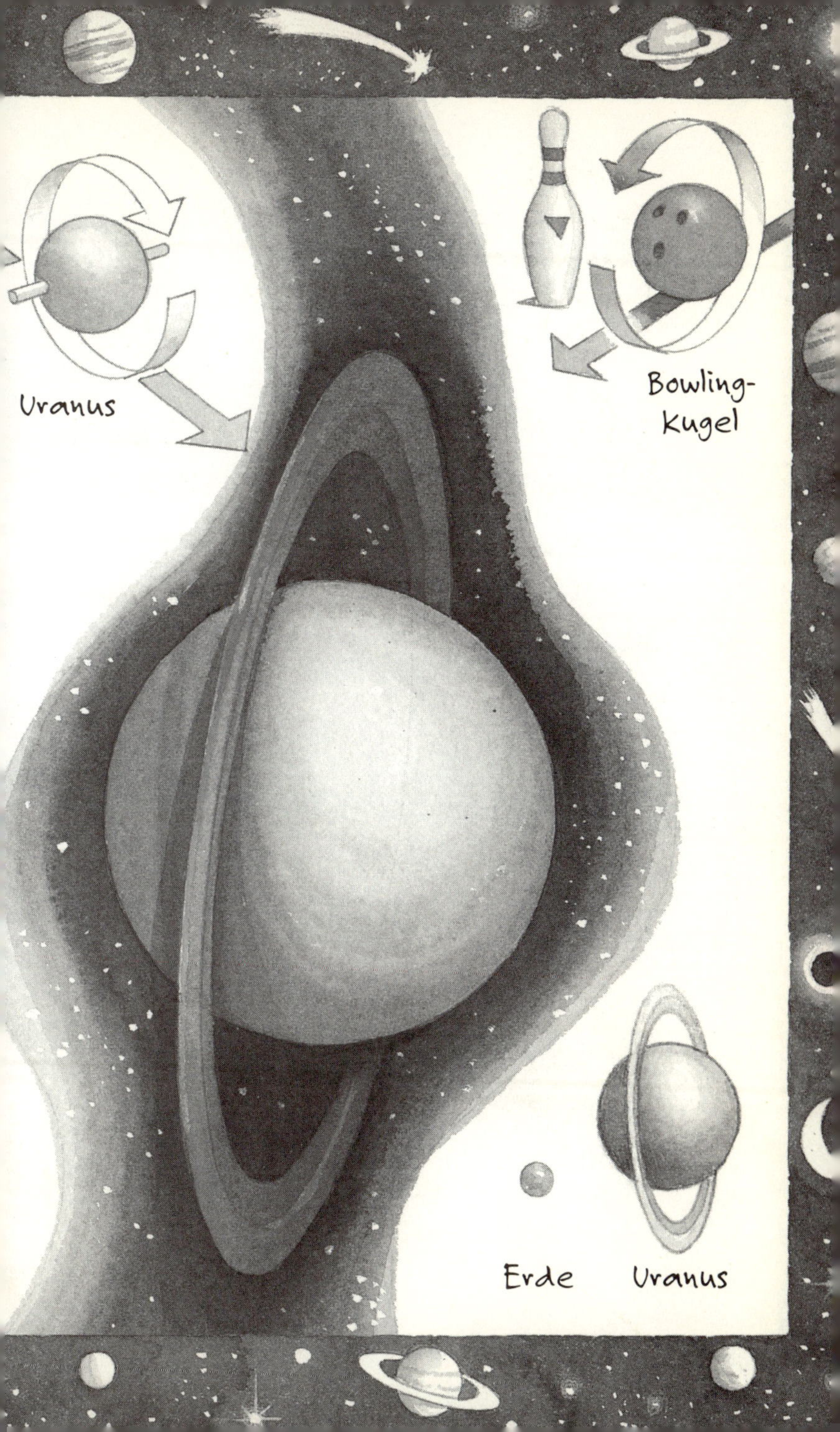
Uranus
Bowling-Kugel
Erde
Uranus

Neptun
Erde

Neptun

Benannt nach dem römischen Meeresgott.
Durchmesser: 49 500 Kilometer
Temperatur: durchschnittlich -220°C

Der Neptun ähnelt dem Uranus. Die beiden Planeten sind etwa gleich groß. Auf beiden ist es sehr kalt. Beide haben mehrere Ringe.

Doch es gibt auch Unterschiede. Der Neptun sieht blau aus statt grün. Das liegt daran, dass sich seine Atmosphäre aus anderen Gasen zusammensetzt. Auf dem Neptun ist es stürmischer als auf dem Uranus. Der Wind erreicht bei einem Sturm 1 500 Kilometer pro Stunde. Das ist zehnmal so viel wie bei einem Wirbelsturm auf der Erde.

Der Neptun hat acht Monde. Einer davon wandert rückwärts um den Planeten! Es ist der einzige Mond, der seinen Planeten gegen dessen Umlaufrichtung umkreist.

Pluto

Benannt nach dem römischen Gott
der Unterwelt.
Durchmesser: 2 390 Kilometer
Temperatur: durchschnittlich -235°C

Der Pluto ist so weit von der Erde entfernt, dass die Astronomen noch nicht viel über ihn wissen. Sicher weiß man nur, dass es dort immer dunkel und kalt ist. Der Pluto ist winzig klein, kleiner als unser Mond.

Heute vermutet man, dass der Pluto gar kein Planet ist. Vielmehr könnte es sich um einen großen Eiskometen handeln.

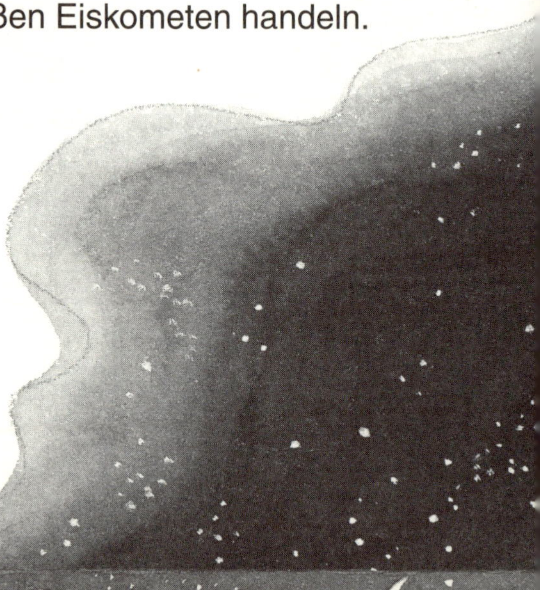

Der Pluto-Mond Charon ist fast so groß wie der Pluto selbst!

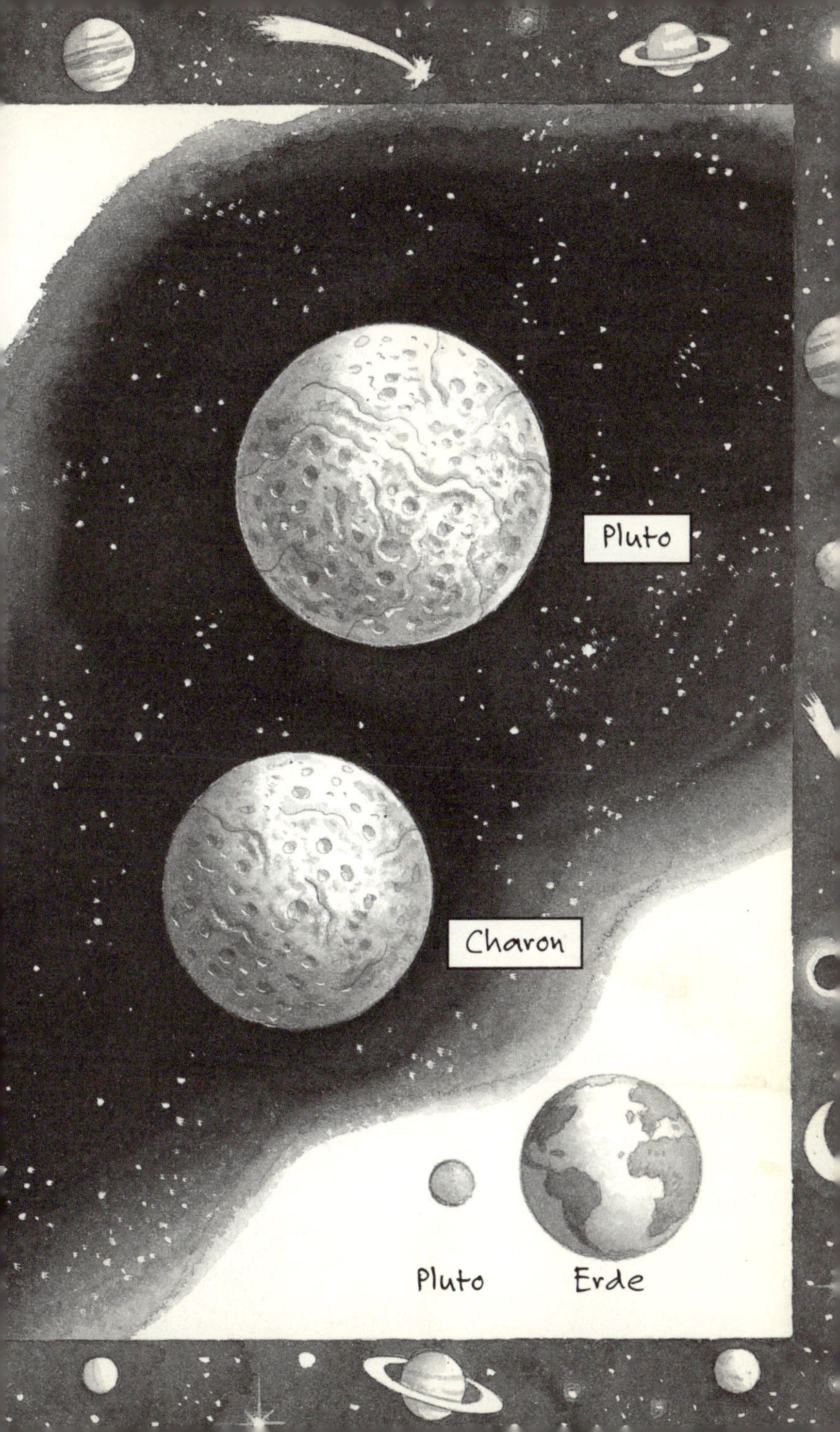
Pluto
Charon
Pluto
Erde

Anne und Philipp stellen vor:

Die Namen der Planeten

Mit diesem Satz kannst du dir die Reihenfolge der Planeten leicht merken. Jedes Wort fängt mit dem Anfangsbuchstaben eines Planeten an. Es beginnt mit dem der Sonne am nächsten gelegenen Planeten:

Mein Vater erklärt mir jeden Samstag unsere neun Planeten.

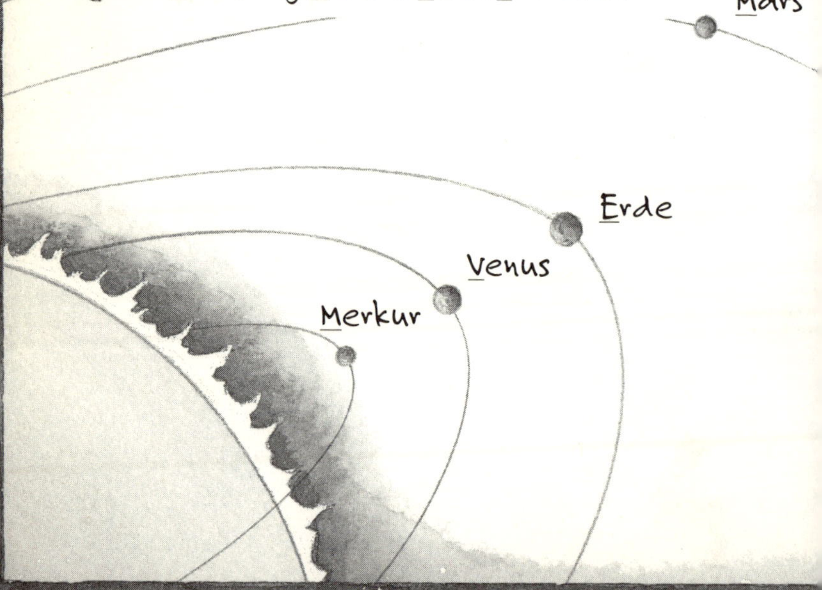

Pluto
Neptun
Uranus
Saturn
Jupiter

5

Die ersten Raumfahrten

Wenn man in der Astronomie vom *Weltall* oder *Weltraum* spricht, ist meist alles jenseits der Erde gemeint.

Es gibt keine klare Grenze, an der die Erdatmosphäre aufhört und das Weltall anfängt. Doch die meisten Forscher bezeichnen jede Reise, die weiter als 150 Kilometer von der Erde wegführt, als Raumfahrt.

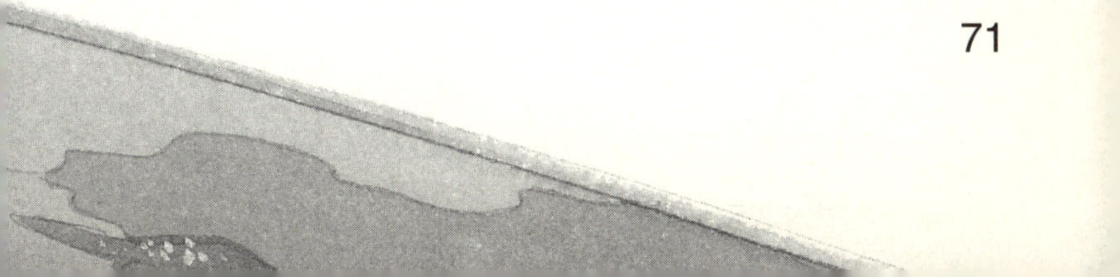

Raumfahrzeuge

Ein Gefährt, das Menschen oder Geräte ins All befördert, bezeichnet man als *Raumfahrzeug*. Um ins All zu gelangen, muss man die Schwerkraft der Erde überwinden. Diese Kraft ist so stark, dass ein Raumfahrzeug dafür eine Geschwindigkeit von 40 000 Kilometern pro Stunde erreichen muss. Das ist zwölfmal schneller, als das schnellste Düsenflugzeug fliegt!

Ein Auto- oder Flugzeugmotor ist nicht stark genug, um ein Raumfahrzeug ins All zu befördern. Bislang geht das nur mit Raketen.

Die Chinesen erfanden die Rakete schon vor rund 1000 Jahren. Sie setzten sie als Waffe oder Feuerwerkskörper ein.

Raketen

In einer Rakete verbrennt ein besonderer Treibstoff bei sehr hohen Temperaturen. Weil beim Verbrennen große Hitze entsteht, stößt hinten heißes Gas aus der Rakete. Ist diese Kraft groß genug, stößt sie die Rakete vom Boden weg durch die Atmosphäre hindurch ins All.

Ein Raketentriebwerk funktioniert also ähnlich wie ein Luftballon, den du aufbläst und loslässt: Die Luft entweicht und treibt den Ballon durchs Zimmer.

Entsprechend stoßen die Gase, die hinten aus der Rakete austreten, die Rakete von der Erde weg.

Wettrennen im All

Als der Wettlauf um die Eroberung des Weltraums in vollem Gange war, gehörte Russland zur Sowjetunion.

Vor 60 Jahren machten die Forscher in der Sowjetunion und den USA Versuche, mit Raketen Raumfahrzeuge ins All zu schießen. Die Sowjets hatten als Erste Erfolg.

Am 4. Oktober 1957 brachten die sowjetischen Forscher den ersten künstlichen *Satelliten* ins All. Sein Name war *Sputnik*.

Alles, was um einen Planeten kreist, bezeichnet man als Satelliten – auch einen Mond!

Der Sputnik war etwa so groß wie ein Wasserball.

Vier Monate später beförderten auch die USA ihren ersten Satelliten auf die Erdumlaufbahn. Das Wettrennen der beiden Großmächte um die Eroberung des Alls hatte begonnen.

Astronauten und Kosmonauten

In den folgenden Jahren bildete man in der Sowjetunion und in den USA Menschen für die Raumfahrt aus. In Amerika nannte man sie *Astronauten*, das bedeutet „Sternenfahrer". In der Sowjetunion hießen sie *Kosmonauten*, das bedeutet „Raumfahrer". Kosmos ist ein anderes Wort für Weltraum.

Der erste Satellit der USA hieß Explorer.

Endlich, am 12. April 1961, drehte der Kosmonaut Jurij Gagarin in einem sowjetischen Raumfahrzeug eine Runde um die Erde.

Die Reise dauerte knapp zwei

Stunden. Jurij Gagarin ging damit als erster Mensch im Weltall in die Geschichte ein.

Das Versprechen des Präsidenten

Der amerikanische Präsident John F. Kennedy sah, dass sein Land den Wettlauf zu verlieren drohte. Nach Jurij Gagarins Raumflug machte er ein gewagtes Versprechen. Er kündigte an, dass im Rahmen des amerikanischen Raumprogramms vor Ablauf der sechziger Jahre ein Mann auf dem Mond landen würde.

In den folgenden acht Jahren arbeiteten fast 400 000 Amerikaner an der Einlösung dieses Versprechens.

Präsident Kennedy sagte, er steuere den Mond nicht an, weil es einfach, sondern gerade weil es schwierig sei.

Die berühmtesten

Die ersten Raumfahrten waren kurz, aber wichtig. Sie bewiesen, dass der Mensch ins All reisen und sicher zur Erde zurückkehren konnte.

Alan Shepard

Alan Shepard war der erste Amerikaner im All. Am 5. Mai 1961 machte er für 15 Minuten einen kleinen Sprung ins All.

Im Jahr 1962 umkreiste John Glenn als erster Amerikaner die Erde. 36 Jahre später kehrte er im Alter von 77 Jahren noch einmal ins All zurück.

John Glenn

Walentina Tereschkowa

Die Kosmonautin Walentina Tereschkowa war 1963 die erste Frau im All. Sie umkreiste die Erde drei Tage lang.

Strelka und Belka

Die beiden sowjetischen Hunde Strelka und Belka sowie 40 Mäuse und zwei Ratten waren die ersten Tiere, die ins All fuhren und wieder zur Erde zurückkehrten. Sie verbrachten 1960 einen Tag im Weltraum.

6

Die Landung auf dem Mond

Auf dem Mond zu landen war viel schwieriger, als nur ins All zu fliegen.

Eine Reise zum Mond und zurück würde mindestens eine Woche dauern. Als Präsident Kennedy seine Ankündigung machte, war noch niemand länger als ein paar Stunden im All gewesen!

Daneben gab es weitere Schwierigkeiten. 1961 gab es noch keine guten Aufnahmen von der Mondoberfläche.

Die Astronauten brauchten aber „Mondkarten“, um einen geeigneten Landeplatz zu finden. Darüber hinaus hatte sich noch niemand außerhalb eines Raumfahrzeugs im Weltall aufgehalten. Die Astronauten würden auf dem Mond Spezialanzüge brauchen, die sie vor der Hitze und der Kälte dort schützten.

Die amerikanischen Wissenschaftler und Ingenieure hatten alle Hände voll zu tun, um diese Probleme zu lösen.

Im Jahr 1961 schickten sie die ersten *Sonden* auf den Mond. Eine dieser Sonden machte 1964 sehr scharfe Bilder von der Mondoberfläche. So konnte man einen guten Landeplatz ausfindig machen. Im Jahr 1965 unternahm Ed White als erster Amerikaner einen „Spaziergang" im Weltraum. Er hielt sich 21 Minuten lang außerhalb seines Raumfahrzeugs auf. Dabei trug er einen Raumanzug, mit dessen Hilfe er atmen

Eine Sonde ist ein unbemanntes Raumfahrzeug, das nur von der Erde aus gesteuert wird.

Für Ed White war es der traurigste Augenblick seines Lebens, als er nach seinem Weltraumspaziergang wieder ins Raumfahrzeug zurückmusste.

konnte und der ihn vor der Kälte schützte. Ein paar Monate später kreisten die Astronauten Gordon Cooper und Charles (Pete) Conrad acht Tage lang um die Erde. Sie bewiesen damit, dass Menschen sich lange genug im Weltraum aufhalten konnten, um zum Mond und zurück zu gelangen.

1968 umrundeten Frank Borman, James Lovell und William Anders am Heiligen Abend zehnmal den Mond. Aus dem All wünschten sie den Menschen frohe Weihnachten. Der Mensch konnte also zum Mond fahren und zurückkehren.

Jetzt endlich sahen sich die Amerikaner in der Lage, einen Menschen auf dem Mond landen zu lassen.

Schritte bis zur Mondlandung

1961–1967: Sonden machen Bilder

1965: Weltraumspaziergang

1965: Acht Tage im Weltraum

1968: Mondumrundung

Auf zum Mond!

Am 16. Juli 1969 startete eine Rakete von Cape Kennedy in Florida. Die Rakete trug das Raumfahrzeug *Apollo 11*.

Das Raumfahrzeug Apollo 11 bestand aus zwei Teilen. Das eine war die *Kommandokapsel*. Darin fuhren die drei Astronauten durchs All auf die Mondumlaufbahn.

Das andere war die *Mondlandeeinheit*. Auf der Mondumlaufbahn angekommen, trennte sich die Landeeinheit von der Apollo 11 und brachte zwei Astronauten zum Mond. Nach ihrem Spaziergang auf dem Mond fuhren die beiden mit der Landeeinheit wieder zur Kommandokapsel. Dann kehrten alle drei Astronauten zur Erde zurück.

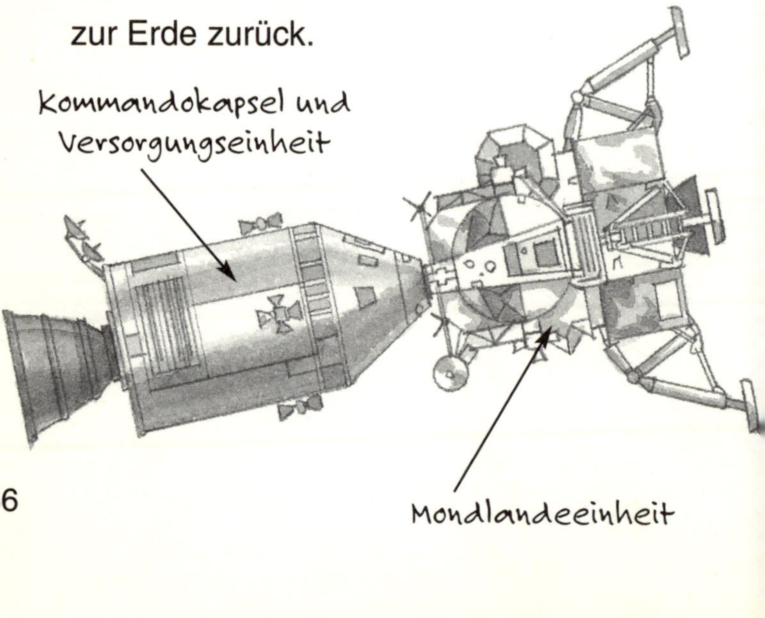

Jeder Abschnitt der Reise war sehr gefährlich. Das kleinste Missgeschick hätte die ganze Mission scheitern lassen können. Der kleinste Fehler hätte die Astronauten ihr Leben kosten können.

Die Astronauten nannten die Mondlandeeinheit Eagle, das heißt Adler.

Spaziergang auf dem Mond

Am 20. Juli 1969, vier Tage nach dem Start, erreichte die Apollo 11 die Mondumlaufbahn. Ein paar Stunden später setzte die Landeeinheit auf der Mondoberfläche auf.

Nach der Landung auf dem Mond meldeten sie zur Erde: „Der Adler ist gelandet“.

Kurz darauf betrat Neil Armstrong als erster Mensch den Mond. Sein Kollege Edwin „Buzz“ Aldrin folgte ein paar Minuten später.

Neil Armstrong hatte lange darüber nachgedacht, was er in diesem Moment sagen solle.

Dies waren seine Worte:

„Das ist nur ein kleiner Schritt für einen Menschen, aber ein gewaltiger Sprung für die Menschheit.“

Die Mondlandung war also in Armstrongs Augen eine Leistung, auf die die ganze Welt stolz sein konnte.

Die Astronauten ließen ein Schild auf dem Mond zurück, auf dem stand: „Wir kamen in Frieden für die gesamte Menschheit."

Neil Armstrong und Buzz Aldrin gingen zwei Stunden lang auf dem Mond spazieren. Sie hissten die amerikanische Flagge. Und sie teilten den Menschen auf der Erde mit, wie schön der Mond ist – und wie schön die Erde aus dem Weltall aussieht.

Am folgenden Morgen verließen Armstrong und Aldrin den Mond und kehrten zu ihrem Kollegen Mike Collins in die Kommandokapsel zurück. Alle drei gelangten sicher auf die Erde. Die Mission war gelungen.

Überall auf der Erde feierten die Menschen die sichere Rückkehr der drei amerikanischen „Mondmänner".

Mondanzug und Mondauto

Auf drei Mondmissionen hatten die Astronauten ein Mondauto dabei. Diese Autos sind noch heute auf dem Mond! Mit Mondanzügen konnten die Astronauten auf der Mondoberfläche spazieren gehen.

Mondauto

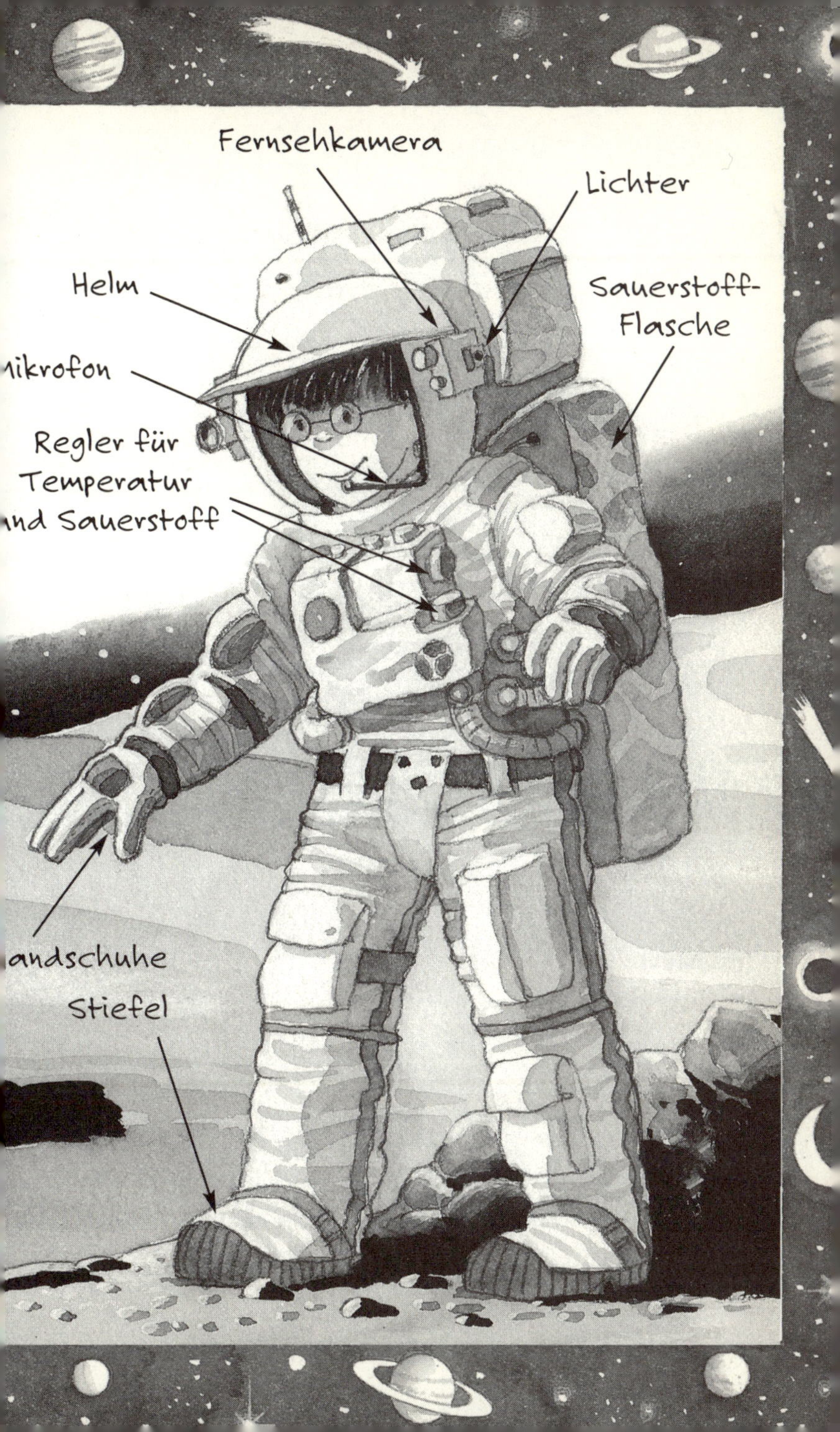
Fernsehkamera
Lichter
Helm
Sauerstoff-
Flasche
ikrofon
Regler für
Temperatur
nd Sauerstoff
andschuhe
Stiefel

7

Raumfahrt heute

Zwischen 1969 und 1972 gab es fünf weitere Mondlandungen der Amerikaner. Auch die Sowjets versuchten, Kosmonauten auf den Mond zu bringen. Doch es gelang ihnen nicht.

Schließlich unternahmen Amerikaner und Sowjets eine gemeinsame Raummission. Im Jahr 1975 dockte ein amerikanisches Raumfahrzeug auf der Erdumlaufbahn an ein sowjetisches an. Kosmonauten und Astronauten reichten sich die Hände.

Auf dem Weg um die Erde nahmen sie zusammen eine Mahlzeit ein.

Der Wettlauf im All war vorüber. Ein neues Zeitalter der Zusammenarbeit im Weltall hatte begonnen.

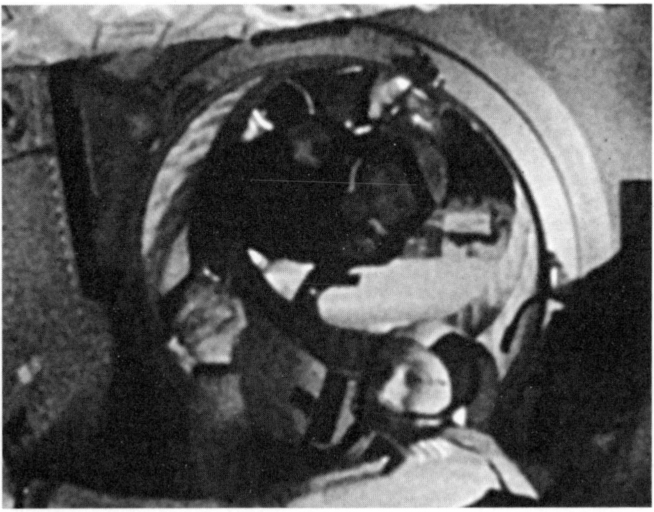

Im Juli 1975 gaben sich der Astronaut Thomas P. Stafford und der Kosmonaut Alexej A. Leonow im All die Hände.

Weltraumstationen

Als es den Sowjets nicht gelang, einen Menschen auf den Mond zu bringen, wandten sie sich einem anderen Vorhaben zu. Sie begannen, *Weltraumstationen* zu bauen.

Eine Weltraumstation gleicht einem Haus im All. Darin können die Raumfahrer essen, schlafen und alle möglichen Experimente durchführen.

Ein Experiment ist ein wissenschaftlicher Versuch.

Zwischen 1971 und 1982 brachten die Sowjets sieben Raumstationen ins All. Alle trugen den Namen *Saljut*. Das ist das russische Wort für „Salut“. Die Raumstationen sollten nämlich eine Art Salut an Jurij Gagarin sein.

Eine Raumstation kann mehrere Jahre im All bleiben.

Die USA brachten nur eine Raumstation auf die Erdumlaufbahn. Sie hieß *Skylab*, zu Deutsch „Himmelslabor“. Skylab wurde jedoch beim Start 1973 beschädigt und war nur wenige Monate in Gebrauch.

Im Jahr 1986 brachte die Sowjetunion eine neue Art von Raumstation auf den Weg. Sie hieß *Mir*, „Frieden“.

Die Mir sollte fünf Jahre lang die Erde umrunden. Doch sie wurde immer wieder erneuert und repariert und blieb 15 Jahre im All.

Raumfahrer aus vielen Ländern besuchten die Mir auf der Erdumlaufbahn. Manche blieben über ein Jahr. Sie bewiesen, dass Menschen es im All lange genug aushalten, um auch andere Planeten zu besuchen.

Die Mir wurde 2001 aufgegeben. Man ließ sie kontrolliert auf die Erde zurückfallen.

Die Internationale Raumstation

Heute arbeiten mehrere Nationen gemeinsam an einer neuen Raumstation. Diese *Internationale Raumstation* heißt kurz *ISS*.

Wie die Mir wird die ISS im Weltraum gebaut. Wenn sie fertig ist, wird sie so groß wie zwei Fußballfelder sein. Von der Erde aus wird sie am Nachthimmel aussehen wie der hellste Stern.

Die ersten Teile der ISS brachten Russland und die USA 1998 ins All.

Raumstationen

Saljuts: 1971-1982

Skylab: 1973-1974

Mir: 1986-2001

ISS: 1998-heute

Die erste Raumfähre startete 1981.

Raumfähren

Viele Jahre lang wurden Raumfahrzeuge nur für eine einzige Fahrt ins All erbaut. Heute gibt es die so genannten *Spaceshuttles* oder *Raumfähren*. Sie sind die einzigen Raumfahrzeuge, die mehr als nur einmal verwendet werden können.

Der Spaceshuttle wird von einer Trägerrakete in den Weltraum gebracht. Bis zu zwei Wochen lang umrundet er die Erde. Dann kehrt er zurück und landet wie ein Flugzeug.

Spaceshuttle Columbia

Bei der Landung bremsen Fallschirme die Raumfähre ab.

Die Raumfähre bringt Astronauten zur Raumstation und wieder zurück. Oder sie befördert Satelliten. Manchmal sammelt die Mannschaft einer Raumfähre auch kaputte Satelliten ein, repariert sie und bringt sie dann wieder auf die Erdumlaufbahn.

Die Besatzungen von Raumfähren haben außerdem bereits tausende von Experimenten durchgeführt. Dank dieser Experimente wissen die Wissenschaftler heute mehr über das Leben und Arbeiten im Weltraum.

Auf den nächsten Seiten kannst du dir eine Raumfähre genauer ansehen.

Die Raumfähre

Die Raumfähre besteht aus drei Teilen. Zwei davon können immer wieder verwendet werden.

Der Treibstofftank enthält den Raketentreibstoff. Wenn der Treibstoff aufgebraucht ist, fällt der Tank in die Erdatmosphäre zurück und verglüht.

Mit den Feststoff-Triebwerken erfolgt der Start. Sie werden abgeworfen, sobald sie ausgebrannt sind.

Astronautin Mae Jemison

8

Leben und Arbeiten im All

Die Lebensbedingungen im All sind ganz anders als auf der Erde. Im Weltraum gibt es keine Luft zum Atmen. Außerdem ist es entweder eisig kalt oder glühend heiß. Und außerhalb der schützenden Erdatmosphäre ist die Strahlung der Sonne höchst gefährlich.

Eine Raumfähre oder eine Raumstation wie die ISS macht den Menschen das Leben im All so angenehm wie möglich. Sie hat eine eigene Luftversorgung.

Die Temperatur ist regelbar. *Rumpf* und

Der Rumpf ist der Körper eines Schiffes, Flugzeugs oder Raumfahrzeugs.

Fenster schützen vor der gefährlichen Sonnenstrahlung.

Schwerelosigkeit

Einen Unterschied zwischen der Erde und dem All können die Wissenschaftler aber nicht aufheben: die *Schwerelosigkeit*.

Je weiter man sich von der Erde entfernt, desto schwächer wird die Anziehungskraft der Erde. Im Weltall ist sie nicht mehr vorhanden. Menschen und Gegenstände sind schwerelos, sie haben kein Gewicht mehr.

Die Schwerelosigkeit hat Auswirkungen auf alles, was die Astronauten im Weltall tun. Es gibt kein Oben und kein Unten. Werkzeuge, Bleistifte und Notizbücher schweben bei der Arbeit durch den Raum. Baden muss man mit einem nassen Handtuch, denn das Wasser würde nicht in der Wanne bleiben!

Die Tabletts mit dem Essen sind am Tisch befestigt. Das Essen muss kleben, damit es auf der Gabel bleibt. Auch die Kekse sind klebrig, weil sonst die Krümel durch den Raum fliegen würden!

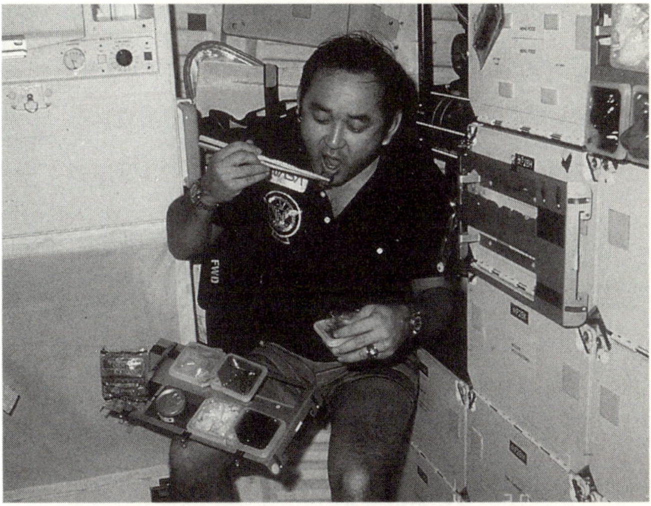

Ellison Onizuka war der erste amerikanische Astronaut japanischer Abstammung. Er und sechs weitere Astronauten kamen 1986 ums Leben, als die Raumfähre Challenger explodierte.

Im Weltraum gibt es weder Tag noch Nacht.

Die Toilette hat Gurte und Fußriemen. Gespült wird nicht mit Wasser, sondern mit Saugluft wie bei einem Staubsauger.

Zum Schlafen legen sich die meisten Astronauten in einen Schlafsack, der an der Wand befestigt ist. Laken und Decken würden nämlich einfach davonschweben und mit ihnen der schlafende Astronaut!

Bei einem langen Aufenthalt im Weltraum kann die Schwerelosigkeit

ernste Probleme mit sich bringen. Muskeln werden abgebaut, Sehnen erschlaffen. Deshalb verbringen die Astronauten einen Teil des Tages mit Krafttraining. Andernfalls könnten sie, wenn sie zur Erde zurückkehren, nicht einmal mehr laufen!

Trotz all dieser Schwierigkeiten schwärmen die Astronauten von ihrer Reise ins All. Die meisten finden die Schwerelosigkeit einfach toll!

Wenn man die Erde in einem Raumfahrzeug umrundet, sieht man die Sonne etwa alle 90 Minuten auf- und untergehen!

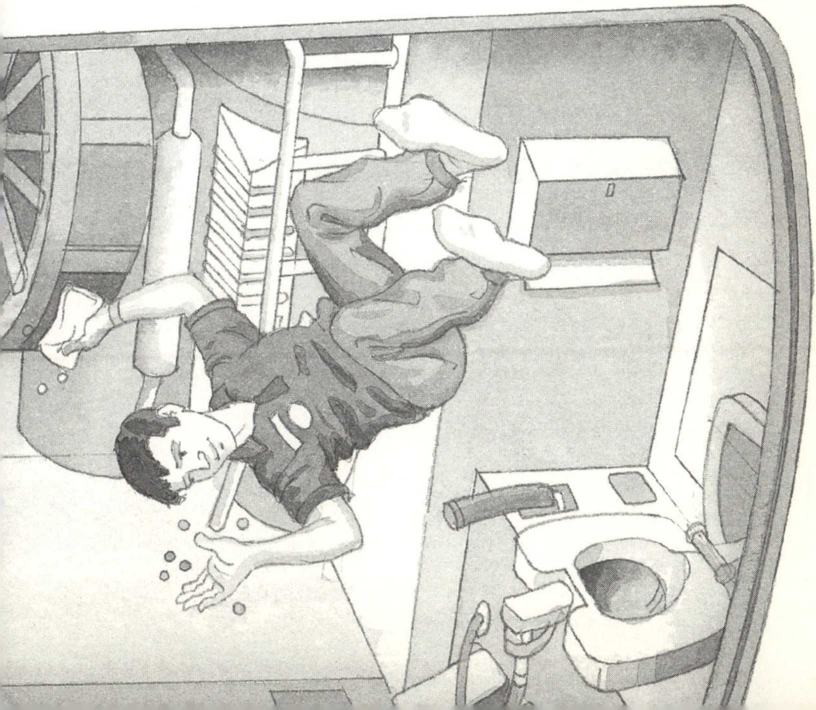

Die Suche nach Leben im Weltall

Gibt es im Weltall irgendwo Leben? Niemand weiß das. Doch weil das Weltall so groß ist, glauben viele Astronomen nicht, dass die Erde der einzige Planet ist, auf dem es Lebewesen gibt.

Das SETI-Projekt

SETI ist die Abkürzung für **S**uche nach **e**xtra**t**errestrischer **I**ntelligenz. *Extraterrestrisch* bedeutet „außerirdisch". Die Astronomen des SETI-Projekts suchen nach Signalen, die von Wesen aus dem All kommen könnten. Außerdem senden sie Botschaften ins All. Bislang haben sie allerdings keine Antwort erhalten!

Die SETI-Astronomen forschen mit Hilfe des Arecibo-Radioteleskops in Puerto Rico nach Botschaften aus dem All.

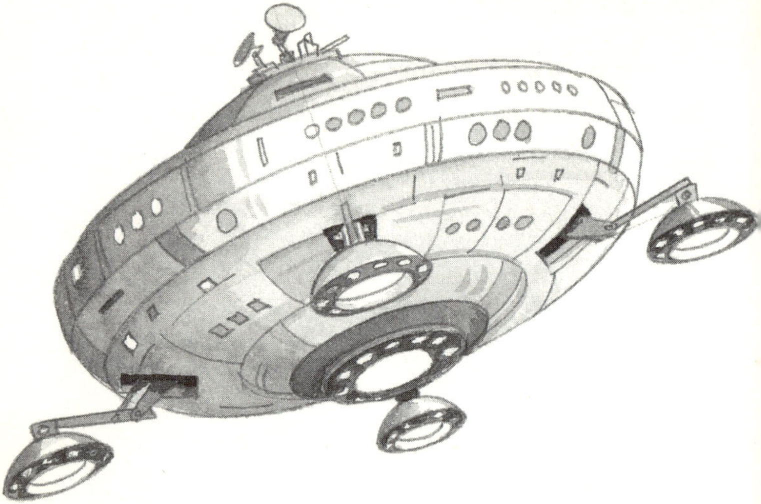

UFOs

UFO steht für „**u**nbekanntes **F**lug**o**bjekt“. Es gibt Leute, die glauben, dass Wesen aus dem All die Erde in UFOs besuchen. Doch bisher gibt es dafür keine Beweise.

UFOs nennt man manchmal auch *Fliegende Untertassen*. Das liegt daran, dass sie in Geschichten und Filmen meist rund und flach sind.

Außerirdische

Im Englischen bezeichnet man Außerirdische als *Aliens*. Die Wissenschaftler können nur vermuten, wie ein Außerirdischer wohl aussieht. Bei ihren Überlegungen gehen sie von den Bedingungen auf den Planeten aus, auf denen es Leben geben könnte. Wie stellst du dir außerirdische Wesen vor?

9

Die Zukunft

Im Altertum errichteten die Menschen hohe Türme, um den Himmel besser beobachten zu können. Heute arbeiten die Wissenschaftler daran, eines Tages ganz normalen Menschen einen Wochenendausflug ins All zu ermöglichen!

In riesigen, sich drehenden Raumstationen könnte man künstlich Schwerkraft erzeugen, damit sich die Besucher bei ihrem Urlaub im Weltraum wohler fühlen. Eine solche Raumstation wäre eine Art Hotel im All.

Eines Tages wird man vielleicht Siedlungen auf dem Mond oder dem Mars gründen. Diese würden sich selbst mit Luft und Nahrung versorgen. Die Menschen könnten dort leben, ohne auf die Erde zurückzukehren.

All diese Vorhaben liegen sehr weit in der Zukunft. Der nächste große Schritt in der Raumfahrt wird wahrscheinlich eine Marslandung sein. Viele Wissenschaftler halten das innerhalb der nächsten 20 Jahre für möglich.

Welcher Mensch wird als Erster auf dem Mars landen? Sally Ride, die erste amerikanische Frau im Weltraum, sagt:

„Der erste Mensch auf dem Mars ist bereits geboren. Sie oder er macht wahrscheinlich irgendwo auf der Welt schon bei einem naturwissenschaftlichen Jugendprojekt mit. Wenn dieses Kind die Flagge des Planeten Erde auf der roten Oberfläche des Mars hisst – das wird ein wunderbarer Tag!“

Wer weiß? Vielleicht bist *du* ja dieses Kind!

Register

Aldrin, Edwin „Buzz“ 87, 89
Aliens 113
Anders, William 84
Apollo 11 84–87
Armstrong, Neil 87, 89
Asteroid 40, 43
Asteroidengürtel 43
Astronaut 75
Astronomie 7–19
Außerirdische 113

Belka 79
Borman, Frank 84

Challenger 107
Charon 66
Collins, Mike 89
Columbia 99
Conrad, Charles 83
Cooper, Gordon 83

Eagle 87
Entstehung des Sonnensystems 22–24
Erde 52–53
Explorer 75

Fernrohr 10–17
Feststoff-Triebwerk 103
Filament 32

Fliegende Untertasse
siehe UFO

Gagarin, Jurij 75, 77, 95
Galaxie 25
Galilei, Galileo 11
Gasriese 58, 61
Gelber Zwerg 34
Gesetz der Schwerkraft 14
Glenn, John 78

Hubble-Weltraumteleskop 18

Internationale Raumstation ISS (International Space Station) 97

Jemison, Mae 104
Jupiter 12, 58–59

Kalender 8
Kennedy, John F. 77
Kernfusion 30
Komet 44
Kommandokapsel und Versorgungseinheit 86
Kopernikus, Nikolaus 9–10
Kosmonaut 75

Ladebucht 102
Leonow, Alexej A. 94
Lichtjahre 26–27
Lippershey, Hans 16
Lovell, James 84

Mars 56–57
Merksatz für Planeten 68
Merkur 48–49
Meteore 45
Meteorit 46
Meteoroid 40, 45, 46
Meteorregen 45
Milchstraße 25
Mir 96–97
Mond (der Erde) 12, 54–55, 81–91
Mondanzug *siehe* Raumanzug
Mondauto 90
Monde 42
Mondlandeeinheit 86
Mondlandung 81–91
Mondspaziergang 87–91

Neptun 64–65
Newton, Sir Isaac 14, 17

Onizuka, Ellison 107
Orbiter 102

Partikel 40
Planet 41, 68
Planetenjahr 41
Planetentag 42
Pluto 66–67
Proxima Centauri 26–27
Ptolemäus 9

Radioteleskop 111
Rakete 72–74
Raumanzug 83, 90, 91

Raumfähre 98–103
Raumfahrt 71–119
Raumfahrzeug 72
siehe auch unter den Namen einzelner Raumfahrzeuge
Ride, Sally 118
Ringe 61, 62, 65
Roter Riese 34
Rumpf 105, 106

Saljut 95
Satellit 74–75
Saturn 12, 60–61
Schwerelosigkeit 106
Schwerkraft 14, 41, 55, 72
SETI (Suche nach extraterrestrischer Intelligenz) 110
Shepard, Alan 78
Skylab 96
Sonde 82
Sonne 29–37
Sonneneruption 33
Sonnenfinsternis 36–37
Sonnenflecken 31–32
Sonnenkern 30
Sonnensystem 39–69
Spaceshuttle 98
Spiegelteleskop 17
Sputnik 74
Stafford, Thomas P. 94
Sterne 8, 12, 24–25
Sternschnuppe 45
Strelka 79

Teleskop 17, 18–19, 111

Tereschkowa, Walentina 79
Treibstofftank 103

UFO (Unidentified Flying Object) 112
Umlaufbahn 41
Uranus 62–63
Urknall 22–24

Venus 12, 50–51
VLT (Very Large Telescope) 19

Weißer Zwerg 34
Weltall 21–27, 71
Weltraumspaziergang 82–83
Weltraumstation 94–98
Wettlauf im All 74–75, 94
White, Ed 82–83

Bildnachweis

AFP/Corbis (Seite 42). James Amos/NGS Image Collection (Seite 8). AP/Wide World Photos (Seite 76). Bettmann/Corbis (Seite 10, 44, 77, 78 oben, 79 unten). Jonathan Blair/NGS Image Collection (Seite 46). Ira Block/NGS Image Collection (Seite 119). Dr. Jeremy Burgess/Science Photo Library (Seite 9). Corbis (Seite 11, 14). Alan J. Friedman (Seite 37). Mark Garlick/Science Photo Library (Seite 32). Nasa (Seite 33, 54, 78 unten, 85, 88, 89, 100, 104). Nasa/NGS Image Collection (Seite 13, 83, 92, 94, 107). Nasa/Science Photo Library (Seite 18, 43, 96, 99). Novosti (London) (Seite 79 oben). David Parker/Science Photo Library (Seite 19). Science Museum/Science & Society Picture Library (Seite 74). Dr. Seth Shostak/Science Photo Library (Seite 111). SIPA Press, Robert Trippett (Seite 118). Joe Sohm/Chromosohm (Seite 80). Jim Sugar Photography/Corbis (Seite 17). G. Tortoli/Ancient Art & Architecture Collection Ltd. (Seite 12). Frank Zullo/Photo Researchers, Inc. (Seite 20).

Mary Pope Osborne und **Will Osborne** sind seit mehreren Jahren verheiratet und leben zusammen mit ihrem Norfolkterrier Bailey in New York. Mary hat bereits mehr als 50 Kinderbücher geschrieben; Will arbeitete lange als Schauspieler, Regisseur und Autor am Theater. Zusammen haben sie an zwei Büchern über griechische Mythologie mitgearbeitet.
Zu ihrer gemeinsamen Arbeit an dem Forscherhandbuch Weltall meinten die Autoren:
„Eines der tollsten Erlebnisse bei den Nachforschungen für den Band Weltraum war für uns ein Besuch in der New York Hall of Science, die unser Freund Dr. Alan J. Friedman leitet. Dort sahen wir uns Modelle aller Planeten an und zwei echte Gesteinsbrocken aus dem All! Außerdem erforschten wir eine andere Art Weltraum: den Cyberspace! Viel Zeit verbrachten wir im Internet. Dort fanden wir die neusten Daten zu Teleskopen, Raumstationen und Spaceshuttle-Missionen. Manchmal blickten wir auch einfach nur in den Sternenhimmel, dachten über das Weltall nach und über unser winzig kleines Stückchen davon hier auf der Erde.“